BEI GRIN MACHT SICH IHR WISSEN BEZAHLT

- Wir veröffentlichen Ihre Hausarbeit, Bachelor- und Masterarbeit

- Ihr eigenes eBook und Buch - weltweit in allen wichtigen Shops

- Verdienen Sie an jedem Verkauf

Jetzt bei www.GRIN.com hochladen und kostenlos publizieren

Markus Peters

Untersuchung des dynamischen Nickverhaltens eines aerodynamischen Profils vor dem Hintergrund der Anstellwinkelregelung durch Pivot-Punkt Verschiebung

GRIN Verlag

Bibliografische Information der Deutschen Nationalbibliothek:

Die Deutsche Bibliothek verzeichnet diese Publikation in der Deutschen National-
bibliografie; detaillierte bibliografische Daten sind im Internet über http://dnb.d-
nb.de/ abrufbar.

Impressum:

Copyright © 2010 GRIN Verlag GmbH
Druck und Bindung: Books on Demand GmbH, Norderstedt Germany
ISBN: 978-3-656-30397-8

Dieses Buch bei GRIN:

http://www.grin.com/de/e-book/203718/untersuchung-des-dynamischen-nickverhal-
tens-eines-aerodynamischen-profils

GRIN - Your knowledge has value

Der GRIN Verlag publiziert seit 1998 wissenschaftliche Arbeiten von Studenten, Hochschullehrern und anderen Akademikern als eBook und gedrucktes Buch. Die Verlagswebsite www.grin.com ist die ideale Plattform zur Veröffentlichung von Hausarbeiten, Abschlussarbeiten, wissenschaftlichen Aufsätzen, Dissertationen und Fachbüchern.

Besuchen Sie uns im Internet:

http://www.grin.com/

http://www.facebook.com/grincom

http://www.twitter.com/grin_com

Studienarbeit

Lehrstuhl für Strömungslehre und Aerodynamisches Institut der RWTH Aachen

Untersuchung des dynamischen Nickverhaltens eines aerodynamischen Profils vor dem Hintergrund der Anstellwinkelregelung durch Pivot-Punkt Verschiebung

Markus Peters

Aachen, im Juli 2010

Inhaltsverzeichnis

I Abbildungsverzeichnis

II Nomenklatur

	Lateinische Symbole		**Griechische Symbole**
a_1-a_4	NACA-Koeffizienten für Flügelgeometrie	α	Winkel zwischen Flügel und x-Achse
a_t	NACA-Koeffizienten für Flügeldicke	α_{eff}	Winkel zwischen Flügel und Richtung der lokalen Strömungsgeschwindigkeit
A	Flügelfläche	$\Delta\alpha$	Winkelamplitude des Hubflügels
c	Flügellänge	δ	Flügel-Hautdicke
c_A	Auftriebs-Beiwert	Θ	Azimut-Winkel
c_I	Massenträgheits-Beiwert	ϑ	Phasenwinkel
c_M	Momenten-Beiwert bei $x=0.25c$	λ	Schnelllaufzahl
$c_{M,0}$	Momenten-Beiwert bei $x=0$	ρ	Dichte des strömenden Fluids
c_N	Normalkraft-Beiwert	ρ_K	Dichte des Flügelmaterials
c_P	Leistungs-Beiwert	σ	Solidität
$c_{P,o}$	Druckbeiwert am oberen Flügelprofil	τ	Dimensionslose Zeit
$c_{P,u}$	Druckbeiwert am unteren Flügelprofil	ω	Winkelgeschwindigkeit
c_T	Tangentialkraft-Beiwert		
c_W	Widerstands-Beiwert		

Hochgestellte Indizes

d	Tiefe des Flügels	
d_N	Lage der Normalkraft im lokalen Koordinatensystem am Flügel	* Normierte Größe

Operatoren

	Lateinische Symbole (Forts.)		**Operatoren**
d_T	Lage der Tangentialkraft im lokalen Koordinatensystem am Flügel		
F_{AX}	Auflagerkraft am Flügel in x-Richtung	$\dot{x}$	Erste Ableitung der Größe x nach der Zeit
F_{AY}	Auflagerkraft am Flügel in y-Richtung	$\ddot{x}$	Zweite Ableitung der Größe x nach der Zeit
F_N	Normalkraft am Flügel	$\cdot$	Multiplikation
F_T	Tangentialkraft am Flügel		
h	Hubamplitude des Hubflügels		
I_S	Massenträgheitsmoment des Flügels im Schwerpunkt		
k	Dimensionslose Frequenz		
m	Masse des Flügels		
n	Anzahl der Flügel		
M_A	Freies Auflagermoment am Flügel		
$M_{P,0}$	Druckmoment im Flügel-Nullpunkt		
P	Leistung		
r	Radius des Rotors		
Re	Reynolds-Zahl		
t	Zeit		
T	Periodendauer		
u_∞	Strömungsgeschwindigkeit		
x_P	Pivot-Punkt Koordinate im lokalen Koordinatensystem am Flügel		
x_S	Schwerpunkt Koordinate im lokalen Koordinatensystem am Flügel		
x,y	Koordinaten des feststehenden Koordinatensystems		
x', y'	Koordinaten des lokalen Koordinatensystems am Flügel		

1. Einleitung

Ein Forschungsgebiet des Aerodynamischen Instituts an der RWTH Aachen (AIA) ist die Energiegewinnung aus Windkraft. Dabei wird unter anderem Grundlagenforschung auf dem Gebiet der Vertikalachswindenergieanlagen betrieben.

Diese Bauform zeichnet sich durch eine zum Boden vertikale Drehachse aus. Vorteile dieser Technologie gegenüber den kommerziell häufiger eingesetzten Windkraftanlagen mit horizontaler Drehachse sind eine einfachere Bauform, die Möglichkeit Generator und Getriebe am Boden anzubringen und die Windrichtungsunabhängigkeit. Nachteilig gegenüber Anlagen mit horizontaler Rotorachse ist hingegen, dass die Anlagen oftmals nicht von alleine anlaufen können und ihr Wirkungsgrad geringer ist (Hau, 2008).

Eine solche Anlage kann als Widerstandsläufer (z.B. Savanius-Rotor) oder Auftriebsläufer (z.B. H-Rotor) konstruiert werden. Als aerodynamisch effektiver haben sich die Auftriebsläufer erwiesen. Diese nutzen die an einem umströmten Flügel entstehenden Auftriebskräfte um den Rotor zu drehen. Im Folgenden werden Auftriebsläufer mit in konstantem Abstand zur Rotorachse parallel angeordneten Flügeln mit konstantem Querschnitt betrachtet. Zu dieser Gruppe zählt beispielsweise der H-Rotor (Hau, 2008).

Während bei herkömmlichen Anlagen dieser Bauform die Rotorblätter fest eingespannt sind, gibt es Konzepte, die einen variablen Anstellwinkel der Rotorblätter realisieren um somit den Auftrieb effektiver nutzen zu können. Eine Umsetzung ist z.B. die „Cycloidal Wind Turbine". Bei diesem Konzept wird das Blatt über einen Bowdenzug mit Hilfe eines Elektromotors um den gewünschten Winkel gedreht. Ein Rechnersystem steuert den Motor und gibt den optimalen Anstellwinkel vor (Hwang, Min, Jeong, Lee, & Kim, 2005). Ein Nachteil dieser Anstellwinkelregelung ist, dass eine beträchtliche Hilfsenergie notwendig ist um den Flügel in die gewünschte Position zu drehen.

In dieser Studienarbeit soll daher ein Konzept untersucht werden, dass nicht den Flügel dreht, sondern die Einspannung des Flügels durch ein Gelenk ersetzt und die Position dieses Gelenkpunktes (auch als Pivot-Punkt bezeichnet) verändert. Die Drehung des Pivot-Punktes erfolgt dann durch die in Folge von Druck und Beschleunigung am Flügel angreifenden Kräfte und Momente. Dazu wird zunächst der weniger komplexe Fall eines Hubflügels mit konstanter Anströmung betrachtet und das Modell dann auf die beschriebene Vertikalachswindenergieanlage erweitert. In beiden Fällen wird ein zweidimensionales Modell betrachtet. Ziel der Arbeit ist es bei gegebenem optimalem Verlauf des Anstellwinkels den erforderlichen Verlauf der Position des Pivot-Punktes heraus zu finden.

2. Theorie

2.1. Beschreibung des mechanischen Modells

Zentrales Element des Modells ist der Tragflügel, der in Abbildung 2.1 skizziert ist. Im Folgenden wird ein symmetrischer NACA-Profilquerschnitt mit Hohlprofil betrachtet.

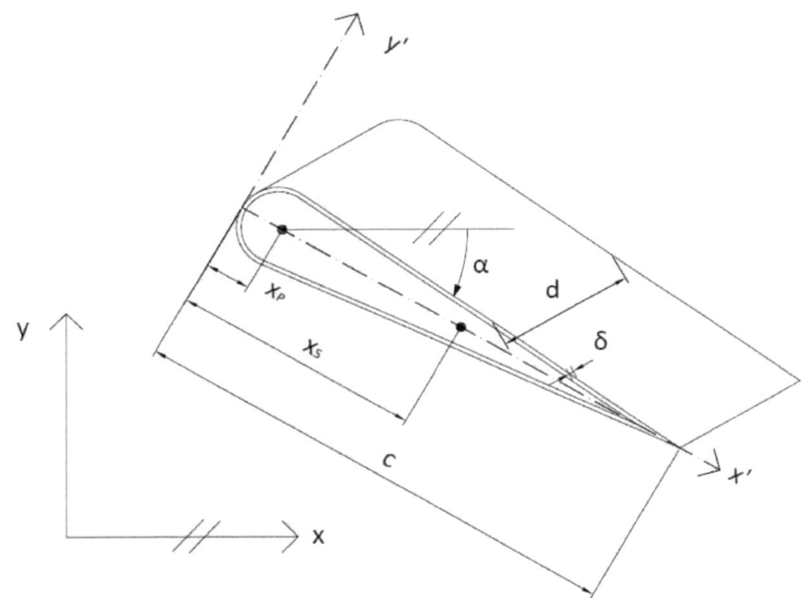

Abbildung 2.1 *Geometrische Größen am Tragflügel*

Geometrisch wird der Tragflügel durch die Flügellänge c, die Flügelbreite d, die Hautdicke δ, den Schwerpunkt x_s und den Pivot-Punkt (Lager- und Drehpunkt) x_p beschrieben. Die Profilkurve ist symmetrisch und wird durch Gleichung 2.1 im lokalen Flügelkoordinatensystem (x', y') beschrieben:

$$\frac{y'}{c} = \frac{a_t}{0.2} \cdot \left(a_0 \sqrt{\frac{x'}{c}} + a_1 \frac{x'}{c} + a_2 \left(\frac{x'}{c}\right)^2 + a_3 \left(\frac{x'}{c}\right)^3 + a_4 \left(\frac{x'}{c}\right)^4 \right) \qquad \text{Gl. 2.1}$$

Die Lage dieses Koordinatensystems ist in Abbildung 2.1 gekennzeichnet. Die Lage des Tragflügels im Raum ist durch seine globalen Koordinaten (x, y) und den Anstellwinkel α gegeben. Die Größen x_P und x_s werden hier und im Folgenden zur Vereinfachung der Schreibweise nicht mehr mit den hoch gestellten Indizes für Größen im lokalen Koordinatensystem (wie z.B. x', y') versehen. Die Kontur des Flügels lässt sich im lokalen Koordinatensystem in Abhängigkeit der Geometrie-Koeffizienten a_0 bis a_4 und dem Koeffizient für die Flügeldicke a_t gemäß Gleichung 2.1 beschreiben.

Der Tragflügel wird von einem Fluid mit der absoluten Geschwindigkeit u_∞ angeströmt. Er führt eine Bewegung beschrieben durch x(t) und y(t) im globalen Koordinatensystem durch. Außerdem führt der Tragflügel eine Rotation α(t) um den Punkt x_P durch.

Die am Tragflügel angreifenden Kräfte und Momente sind in Abbildung 2.2 eingetragen. Die Druckverteilung an der oberen (c_{Po}) und unteren (c_{Pu}) Flügelfläche lässt sich durch die Tangentialkraft F_T, die Normalkraft F_N und das freie Moment $M_{P,0}$ im Ursprung des lokalen Koordinatensystems zusammen fassen. Die Kräfte resultieren dabei aus der Integration der Druckverteilung am Flügel in (zum Flügel) normale bzw. tangentiale Richtung. Die Kräfte werden dann in den Ursprung des lokalen Koordinatensystems verschoben, wodurch das freie Moment $M_{P,0}$ entsteht. Die Koeffizienten c_T, c_N und $c_{M,0}$ entsprechen den dimensionslosen Größen zu F_T, F_N und $M_{P,0}$. Im Schwerpunkt greifen die Trägheitskräfte mẍ und mÿ an. Außerdem wirkt in Folge der Rotation das freie Trägheitsmoment $I_S*\ddot{\alpha}$, wobei I_S das Massenträgheitsmoment im Schwerpunkt ist. Im Pivot-Punkt wirken die resultierenden Auflagerkräfte F_{AX}, F_{AY}, sowie das Moment M_A.

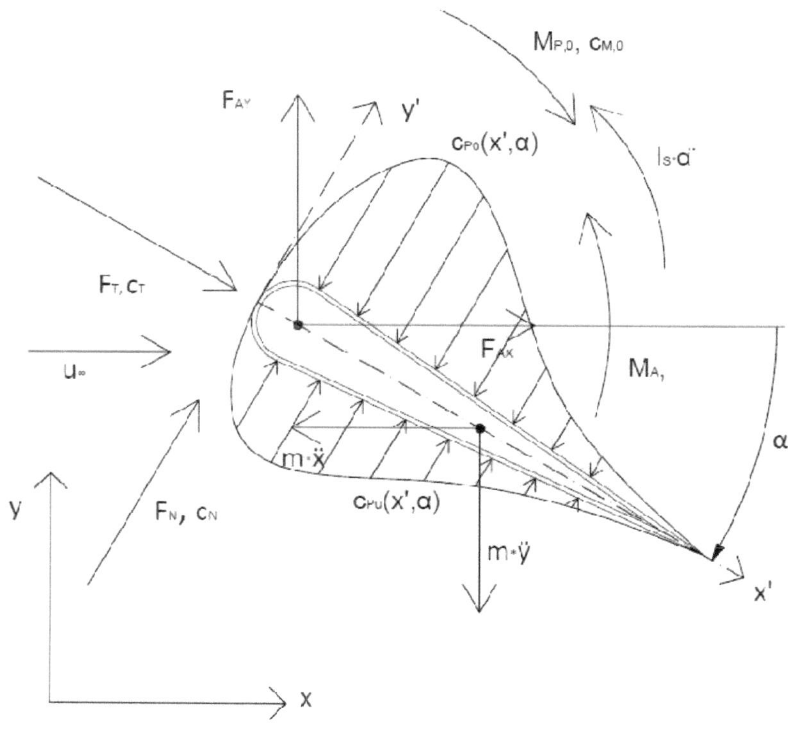

Abbildung 2.2 *Kräfte und Momente am Tragflügel*

2.2. Bestimmung der benötigten Größen

Die Widerstands- und Auftriebskraft sowie das Druckmoment lassen sich durch Integration der Druckbeiwerte über den Tragflügel gemäß Gleichung 2.2 bis 2.4 bestimmen.

$$F_N = \frac{\rho}{2} \cdot c \cdot d \cdot u_\infty^2 \int_0^1 (Cp_u - Cp_o)\, d\left(\frac{x'}{c}\right) = \frac{\rho}{2} \cdot c \cdot d \cdot u_\infty^2 \cdot c_N \qquad \textbf{Gl. 2.2}$$

$$F_T = \frac{\rho}{2} \cdot c \cdot d \cdot u_\infty^2 \int_0^1 (Cp_u + Cp_o) \cdot \frac{dy'}{dx'} d\left(\frac{x'}{c}\right) = \frac{\rho}{2} \cdot c \cdot d \cdot u_\infty^2 \cdot c_T \qquad \textbf{Gl. 2.3}$$

$$M_{p,0} = \frac{\rho}{2} \cdot c^2 \cdot d \cdot u_\infty^2 \int_0^1 (Cp_o - Cp_u)\left(\frac{x'}{c} + \frac{y'}{c}\frac{dy'}{dx'}\right) d\left(\frac{x'}{c}\right)$$
$$= \frac{\rho}{2} \cdot c^2 \cdot d \cdot u_\infty^2 \cdot c_{M,0} \qquad \textbf{Gl. 2.4}$$

Mit der Annahme $\delta/c \ll 1$ lässt sich das Massenträgheitsmoment des Tragflügels durch eine Integration gemäß Gleichung 2.5 bestimmen. Die Geometrie des Flügels kann man dabei aus Gleichung 2.1 entnehmen. Das Ergebnis lässt sich auch in dimensionsloser Form mit Hilfe des Massenträgheits-Beiwertes c_I schreiben.

$$I_S = \int_0^c (x'^2 + y'^2)\,dm = 2 \cdot \rho_K \cdot \delta \cdot d \cdot c^3 \int_0^1 \left(\left(\frac{x'^2}{c}\right) + \left(\frac{y'^2}{c}\right)\right) d\left(\frac{x'}{c}\right) = 2 \cdot \qquad \textbf{Gl. 2.5}$$
$$\rho_K \cdot \delta \cdot d \cdot c^3 \cdot c_I$$

2.3. Kräfte- und Momentengleichgewicht am Tragflügel

Die Auflagerreaktionen werden durch das dynamische Kräftegleichgewicht in x- und y-Richtung (Gleichung 2.6 und 2.7) und die Momenten-Summe um den Punkt 0 (Gleichung 2.8) gebildet.

$$F_{AX} = m \cdot \ddot{x} - F_T \cdot \cos\alpha - F_N \cdot \sin\alpha \qquad \textbf{Gl. 2.6}$$

$$F_{AY} = m \cdot \ddot{y} - F_N \cdot \cos\alpha + F_T \cdot \sin\alpha \qquad \textbf{Gl. 2.7}$$

$$M_A = -I_S \cdot \ddot{\alpha} + M_{p,0} + x_s \cdot m \cdot \ddot{x} \cdot \sin\alpha + x_s m \cdot \ddot{y} \cdot \cos\alpha - F_{AY} \cdot x_p \cdot \cos\alpha -$$
$$F_{AX} x_p \sin\alpha \qquad \textbf{Gl. 2.8}$$

2.4. Herleitung einer Formel für den Pivot-Punkt

Im Falle einer gelenkigen Lagerung im Pivot-Punkt verschwindet das Moment M_A. Da der Pivot-Punkt verschiebbar sein soll, kann seine erforderliche Position als Funktion der Zeit für die Realisierung einer bestimmten Drehbewegung ($\alpha(t)$) und Translation (x(t), y(t)) ermittelt werden. Stellt man

Gleichung 2.8 für den Fall $M_A = 0$ um und verwendet die Beziehungen aus den Gleichungen 2.6 und 2.7, so erhält man, unter Verwendung des Additionstheorems $\sin^2\alpha + \cos^2\alpha = 1$, die Gleichung 2.9:

$$x_p = \frac{M_{p,0} - I_S \cdot \ddot{\alpha} + m \cdot x_S \cdot (\ddot{x} \cdot \sin\alpha + \ddot{y} \cdot \cos\alpha)}{m \cdot (\ddot{x} \cdot \sin\alpha + \ddot{y} \cdot \cos\alpha) - F_N} \qquad \text{Gl. 2.9}$$

Mit Hilfe der in Gleichung 2.10 definierten dimensionslosen (Winkel-)Beschleunigungen kann man Gleichung 2.9 dimensionslos machen. Das Verhältnis von Pivot-Punkt-Lage zu Flügellänge lässt sich dann gemäß Gleichung 2.11 ausdrücken.

$$\ddot{y}^* = \ddot{y} \cdot \frac{c}{u_\infty^2} \qquad\qquad \ddot{x}^* = \ddot{x} \cdot \frac{c}{u_\infty^2} \qquad\qquad \ddot{\alpha}^* = \ddot{\alpha} \cdot \left(\frac{c}{u_\infty}\right)^2 \qquad \text{Gl. 2.10}$$

$$\frac{x_p}{c} = \frac{c_{M,0} - c_I \cdot \ddot{\alpha}^* + 4 \cdot \frac{\delta}{c} \cdot \frac{\rho_K}{\rho} \cdot \frac{x_S}{c} \cdot (\ddot{x}^* \cdot \sin\alpha + \ddot{y}^* \cdot \cos\alpha)}{4 \cdot \frac{\delta}{c} \cdot \frac{\rho_K}{\rho} \cdot (\ddot{x}^* \cdot \sin\alpha + \ddot{y}^* \cdot \cos\alpha) - c_N} \qquad \text{Gl. 2.11}$$

Neben den strömungsspezifischen Größen $c_{M,0}$ und c_N ist die Lage des Pivot-Punktes noch vom geometrischen Verhältnis δ/c, der Werkstoffkenngröße ρ_K/ρ und der Schwerpunktlage x_s/c abhängig. Die Formel für den Pivot-Punkt liefert nur sinnvolle Ergebnisse, wenn Normalkraft und Trägheitskräfte nicht gleich groß sind, da sonst der Nenner von Gleichung 2.9 verschwinden würde.

3. Untersuchung der Lage des Pivot-Punktes für ein Hubflügelmodell

3.1. Beschreibung des Hubflügelmodells

Im Folgenden wird ein NACA0018 Hohlprofil verwendet mit $\delta/c = 0.004$. Werkstoff ist Aluminium mit einer Dichte $\rho = 2700$ kg/m^3. Das umgebende Fluid ist Wasser bei 10 °C. Die Anströmgeschwindigkeit beträgt 2 m/s. Es ergibt sich eine Reynoldszahl von $7.5 \cdot 10^5$.

In bisherigen Studien über Hubflügel Anwendungen (Mc Kinney & De Laurier, 1981) (Lindsey, 2002) (Jones, Lindsey, & Platzer, 2003) wird eine harmonische Bewegung des Flügels angenommen. Diese besteht aus einer Hub- (y(t)) und einer Pitch-Bewegung (α(t)), die bei gleicher Frequenz, aber phasenverschoben stattfinden (siehe Abbildung 3.1). Die Bewegung des Hubflügels wird für diese Arbeit aus einem Modell nach K. Lindsey (Lindsey, 2002) entnommen, da dies die bisher detaillierteste Studie über Hubflügel Anwendungen ist.

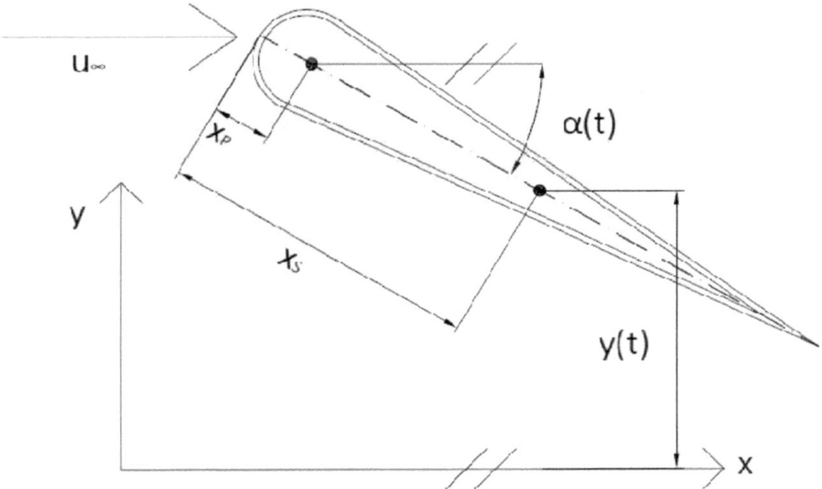

Abbildung 3.1 *Hubflügelmodell*

Zur Beschreibung der Bewegung werden in Anlehnung an Lindsey die dimensionslose Zeit τ und die dimensionslose Frequenz k, definiert durch Gleichung 3.1 und 3.2, eingeführt:

$$\tau = \frac{t \cdot u_\infty}{c} \qquad\qquad \text{Gl. 3.1}$$

$$k = \frac{\omega \cdot c}{u_\infty} \qquad\qquad \text{Gl. 3.2}$$

Hub- und Pitch-Bewegung werden gemäß Gleichung 3.3 und 3.4 angenommen. Laut Jones ergeben sich die besten Wirkungsgrade für $\vartheta = 90°$ (Jones, Lindsey, & Platzer, 2003).

$$\alpha(\tau) = \Delta\alpha \cdot \sin(k \cdot \tau + \vartheta) \qquad\qquad \textbf{Gl. 3.3}$$

$$y(\tau) = h \cdot \sin(k\tau) \qquad\qquad \textbf{Gl. 3.4}$$

3.2. Implementierung des Modells

Die Polaren werden für beliebige Anstellwinkel über der Druckverteilung in Matlab nach Gleichung 2.2 – 2.4 integriert. Die Druckverteilung am Flügel wurde zuvor von dem Programm Xfoil für das vorliegende Profil und die Reynoldszahl generiert. Ein Vergleich der Ergebnisse mit Messdaten aus dem Energy Report der Sandia National Laboratories (Sheldahl & Klimas, 1981) ist in Abbildung 3.2 bis 3.4 zu sehen.

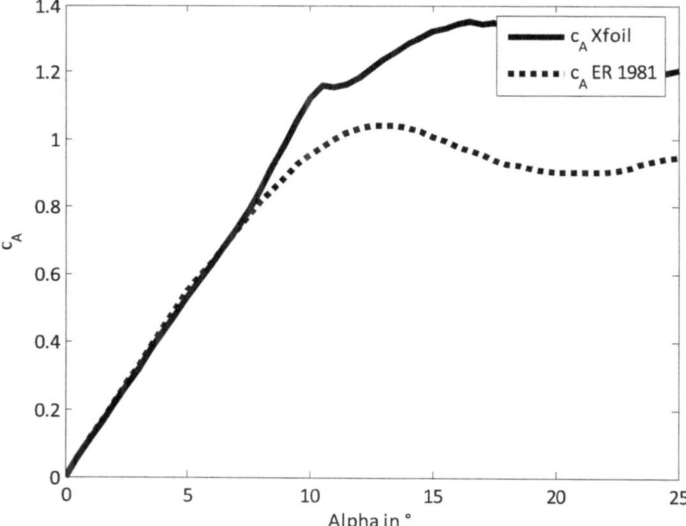

Abbildung 3.2 *Auftriebsbeiwert mit Vergleichsdaten, Re=7.5*10^5*

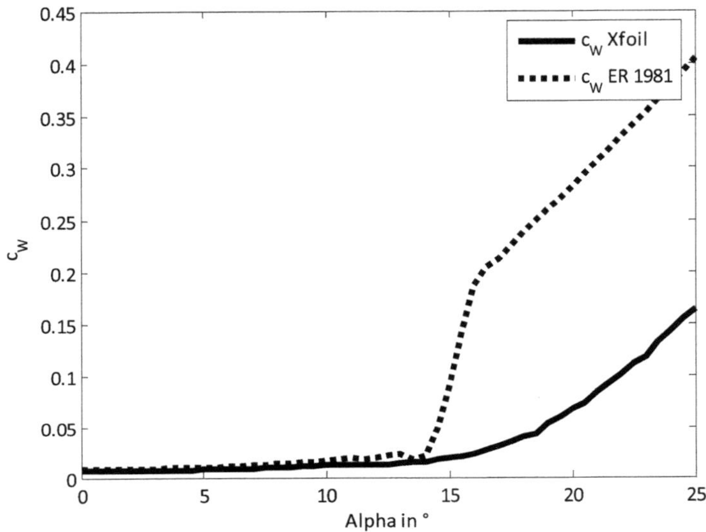

Abbildung 3.3 *Widerstandsbeiwert mit Vergleichsdaten, Re=7.5*10^5*

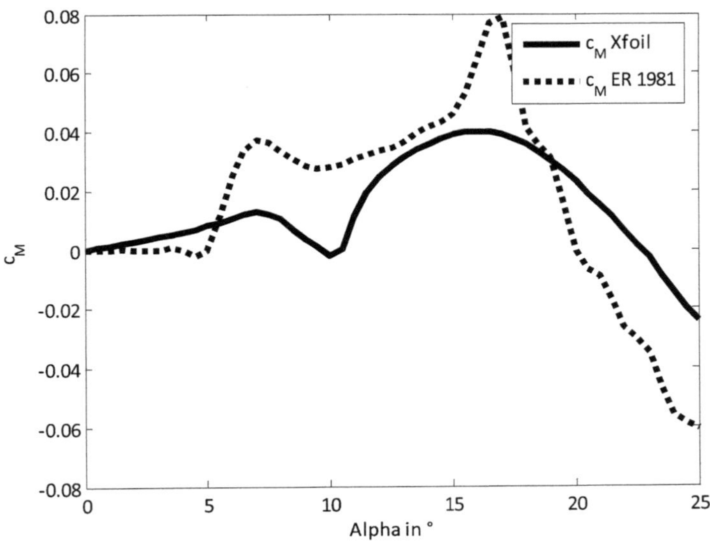

Abbildung 3.4 *Momentenbeiwert bei 0.25 c mit Vergleichsdaten, Re=7.5*10^5*

Aufgrund der Relativbewegung zwischen Anströmung und Flügel muss nach Lindsey (Lindsey, 2002) statt dem geometrischen Anstellwinkel der effektive Anstellwinkel errechnet werden, der den tatsächlichen Winkel zwischen Flügel und Strömung besser approximiert (Gleichung 3.5).

$$\alpha_{eff} = \alpha - \tan^{-1} \frac{\dot{y}}{u_\infty} \qquad\qquad \textbf{Gl. 3.5}$$

Bei dieser Näherung wird der effektive Anstellwinkel an jedem Punkt des Flügels gleich angenommen. Aufgrund der Rotation des Flügels hat jedoch jeder Punkt an der Oberfläche eine unterschiedliche Relativgeschwindigkeit zur Strömung und daher einen anderen effektiven Anstellwinkel. Aus diesem Grund ist die Näherung nur für kleine Rotationsgeschwindigkeiten sinnvoll.

Das Bewegungsmodell mit y(t) und α(t) wurde in Matlab implementiert. Daraus konnten durch Differentiation von Gleichung 3.3 und 3.4 die Beschleunigungen errechnet und in Gleichung 2.6 − 2.8 eingesetzt werden.

Um ein Maß für den Wirkungsgrad des Prozesses zu berechnen, wird in Anlehnung an Lindsey (Lindsey, 2002) der Leistungskoeffizient c_P gemäß Gleichung 3.6 berechnet:

$$c_P = \frac{P}{\frac{1}{2} \cdot \rho \cdot u_\infty{}^3 \cdot A} \qquad\qquad \textbf{Gl. 3.6}$$

Dabei ist P die Leistung, die in Folge der Hubbewegung aus dem Prozess extrahiert werden kann.

Zur Evaluierung des Modells wurden 400 Testläufe mit unterschiedlichen Parametern für k, und h in Anlehnung an Berechnungen von Lindsey mit dem Programm UPOT gestartet. Nach Lindsey (Lindsey, 2002) liefert die Simulation nur realistische Werte für $\alpha_{eff} < 15°$. Bei größeren effektiven Anstellwinkeln treten in der Realität Dynamic Stall Effekte auf. Dies hat insbesondere zur Folge, dass die für den stationären Fall ermittelte Druckverteilung keine ausreichenden Informationen für die Berechnung der Polaren mehr liefert (von der Lieth, 2007). Um diese Effekte in der Berechnung zu erfassen wäre ein wesentlich umfangreicheres Modell zur Strömungsberechnung erforderlich.

In Anlehnung an Lindsey wird $\Delta\alpha_{eff}$ statt $\Delta\alpha$ als Parameter benutzt und $\Delta\alpha$ iterativ daraus berechnet. Die Testläufe werden für das Profil NACA0014, Re=10^6, $\Delta\alpha_{eff}$=10° und ϑ=90° durchgeführt. Die Ergebnisse sind in Abbildung 3.6 zusammengefasst und können mit denen von Lindsey in Abbildung 3.5 verglichen werden.

Man erkennt, dass die Ergebnisse zwar vergleichbar sind, es aber Abweichungen insbesondere für große Werte von h und k gibt. Die unterschiedlichen Ergebnisse der Software-Tools könnten z.B. darin begründet sein, dass unterschiedliche Berechnungsverfahren für die Druckverteilung verwendet wurden.

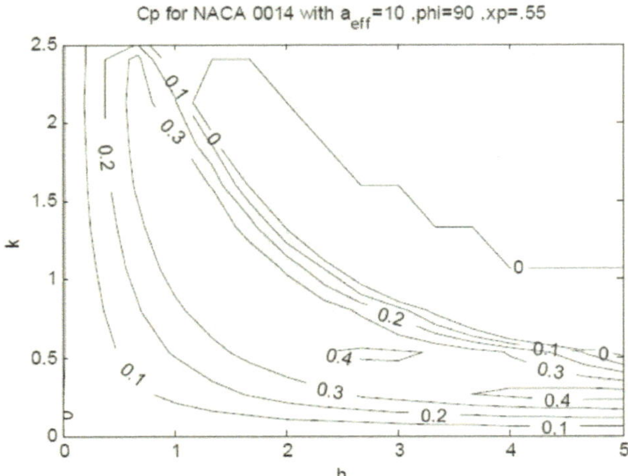

Abbildung 3.5 *Leistungskoeffizient nach Lindsey für $\Delta\alpha_{eff}$=10°, ϑ=90°, x_p=0.55, Re=10^6* *Quelle:* **(Lindsey, 2002)**

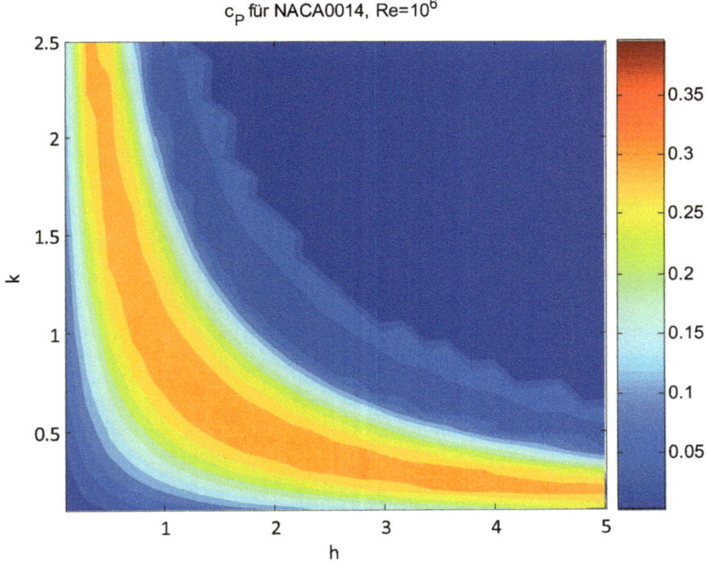

Abbildung 3.6 *Leistungskoeffizient für $\Delta\alpha_{eff}$=10°, ϑ=90°, Re=10^6*

3.3. Berechnung der Pivot-Punkt-Kurve

Mit den Bewegungs- und Rotationsgleichungen (Gleichung 3.3 und 3.4) aus dem Modell von Lindsey (Lindsey, 2002) kann auch Gleichung 2.9 in Matlab implementiert werden. Dazu werden die Koeffizienten c_N, $c_{M,0}$ und c_l gemäß der Gleichungen 2.2, 2.4 und 2.5 numerisch integriert. Die Größen $\ddot{\alpha}^*$ und $\ddot{y}^*$ werden durch analytische Differentiation der Gleichungen 3.3 und 3.4 und anschließende Normierung gemäß Gleichung 2.10 gebildet. Eine Bewegung in x-Richtung findet für den Hubflügel nicht statt. Im Folgenden wurde die Berechnung der x_P-Kurve für $\Delta\alpha_{eff}=10°$, $\vartheta=90°$, $Re=7.5*10^5$ für 3 verschiedene Wertepaare (h,k) durchgeführt. Dabei werden Extremwerte von h und k gemäß der Evaluierung in Abbildung 3.5 und 3.6 betrachtet:

Fall 1:   Maximale Hubamplitude, kleine Frequenz   → k=0.25,   h=5

Fall 2:   Kleine Hubamplitude, kleine Frequenz   → k=0.25,   h=0.25

Fall 3:   Kleine Hubamplitude, maximale Frequenz   → k=2.5,   h=0.25

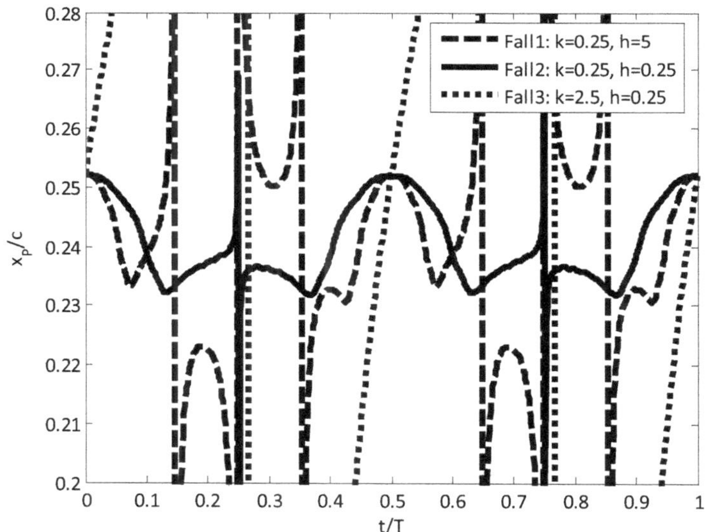

Abbildung 3.7 *Pivot-Punkt-Kurve für Re=7.5*10⁵, Δα_{eff}=10°, ϑ=90°*

Die Ergebnisse sind in Abbildung 3.7 zu sehen. Der Pivot-Punkt pendelt um einen Wert von ca. 0,25. Es treten Polstellen auf. Größere Werte von k führen dabei zu stärker ausgeprägten Polstellen. In dieser und den folgenden Abbildungen in diesem Kapitel werden die charakteristischen Größen innerhalb einer Periode jeweils über der normierten Zeit (Zeit t/Periodendauer T) aufgetragen.

Um den Verlauf der Pivot-Punkt Kurve zu erklären werden im Folgenden die einzelnen Terme von Gleichung 2.9 untersucht.

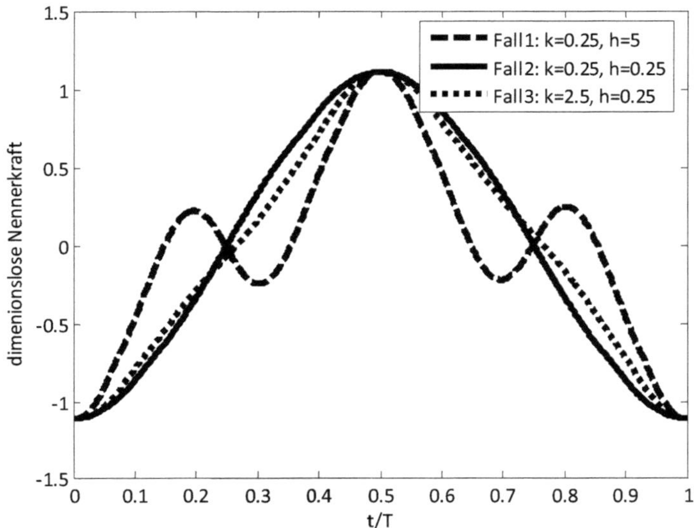

Abbildung 3.8 *dimensionslose Nennerkraft für Re=7.5*10^5 Δα$_{eff}$=10°, ϑ=90°*

Abbildung 3.8 zeigt einen Plot des Terms $4 \cdot \frac{\delta}{c} \cdot \frac{\rho_K}{\rho} \cdot (\ddot{x}^* \cdot \sin\alpha + \ddot{y}^* \cdot \cos\alpha) - c_N$, welcher den Nenner von Gleichung 2.11 darstellt. Es ist erkennbar, dass die Polstellen der x_P-Kurve durch die Nulldurchgänge dieses Terms hervorgerufen werden. Es fällt auf, dass die Extremwerte des Terms unabhängig von k und h sind, die Zahl der Nullstellen aber mit höheren Werten von h wächst.

Um den Verlauf der Nennerkraft zu erklären, wird zunächst der Anteil durch Trägheitskräfte ($4 \cdot \frac{\delta}{c} \cdot \frac{\rho_K}{\rho} \cdot (\ddot{x}^* \cdot \sin\alpha + \ddot{y}^* \cdot \cos\alpha)$) untersucht. Diese dimensionslose Trägheitskraft wurde in Abbildung 3.9 dargestellt.

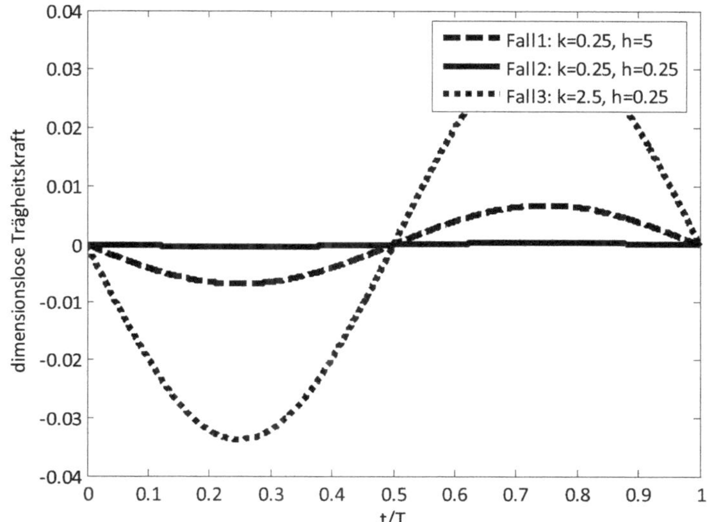

Abbildung 3.9 *dimensionslose Trägheitskraft für Re=7.5*10^5,Δ α_{eff}=10°, ϑ=90°*

Ein Vergleich mit der Größenordnung des gesamten Nennerterms zeigt, dass die Trägheitskräfte selbst bei großen Werten von k und h keinen wesentlichen Einfluss auf den Verlauf des Terms im Nenner der Bestimmungsgleichung für den Pivot-Punkt haben. Dies bedeutet, dass die Nennerkraft im Wesentlichen durch den Term -c_N bestimmt wird. Die Bestimmungsgleichung des Koeffizienten c_N (Gleichung 2.2) zeigt, dass dieser eine Funktion der Druckverteilung ist und somit in diesem vereinfachten Modell bei konstanter Reynoldszahl nur vom effektiven Anstellwinkel abhängt. Abbildung 3.10 stellt daher den effektiven Anstellwinkel und die Nennerkraft im Vergleich dar.

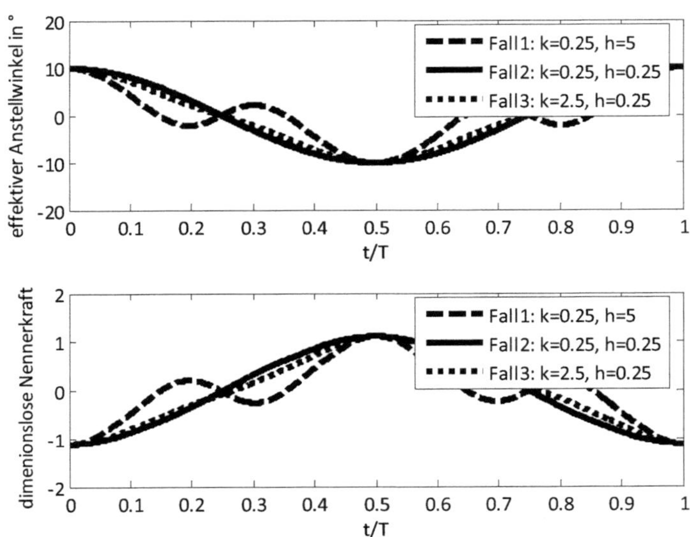

Abbildung 3.10 *effektiver Anstellwinkel und Nennerkraft für Re=7.5*10^5,Δ α_{eff}=10°, ϑ=90°*

Die Abbildung bestätigt klar die Überlegung, dass der Verlauf der Nennerkraft durch den effektiven Anstellwinkel bestimmt wird. Der proportionale Zusammenhang ist dadurch zu erklären, dass die Polaren im Bereich α_{eff} < 10° einen nahezu linearen Zusammenhang zum Anstellwinkel aufweisen (siehe Abbildung 3.2 und 3.3). Der Zusammenhang zwischen effektivem Anstellwinkel und Nennerkraft gilt unabhängig von dem gewählten Bewegungsmodell, da bei der Untersuchung das allgemeine mathematische Modell betrachtet wurde und als Vereinfachung nur die Trägheitskräfte vernachlässigt wurden, was durch die Betrachtung sowohl hoher als auch geringer Beschleunigungen (0.25<k<2.5 und 0.25<h<5) gerechtfertigt ist. Die Lage der Polstellen des Pivot-Punktes wird daher im gewählten Modell durch die Nulldurchgänge des effektiven Anstellwinkels bestimmt.

Der Verlauf des effektiven Anstellwinkels wiederum wird nun durch die Bewegungleichungen des Hubflügelmodells vorgegeben. In Abbildung 3.10 ist noch einmal klar zu erkennen, dass die Amplitude des effektiven Anstellwinkels mit 10° vorgegeben wurde. Somit sind die Extremwerte von α_{eff} für alle Wertepaare (h,k) gleich. Der unterschiedliche Verlauf zwischen den Extremwerten kann mit Hilfe der Bestimmungsgleichung von α_{eff} erklärt werden (Gleichung 3.5). Nach dieser Gleichung weicht der effektive Anstellwinkel besonders dann vom vorgegebenen sinusförmigen Verlauf des Winkels α (siehe Gleichung 3.3) ab, wenn sich der Flügel mit einer hohen Geschwindigkeit bewegt, also wenn $\dot{y}$ sehr groß wird. Letzteres ist gleichermaßen für hohe Werte von h und k - also für große Amplituden bzw. Frequenzen - der Fall, was auch durch Differentiation von Gleichung 3.4 gezeigt werden kann. In Abbildung 3.10 kann man daher sehen, dass der Verlauf von α_{eff} für den Fall drei (mit k=2.5) Abweichungen von der Sinusform im Fall zwei (mit kleinen Werten von k und h) aufweist. Da der Maximalwert von h mit dem Wert fünf doppelt so hoch wie das maximale k (2.5) ist, ergibt sich für den Fall eins (h=5) ein noch deutlicher abweichender Verlauf, der dazu führt, dass der effektive

Anstellwinkel vier Nullstellen mehr bekommt als im Fall zwei oder drei. Diese Nullstellen sind deutlich als Polstellen in der Pivot-Punkt-Kurve in Abbildung 3.7 zu erkennen.

Neben der Lage der Polstellen sollen auch deren Verlauf und die Verläufe in den stetigen Abschnitten der Pivot-Punkt-Kurve untersucht werden. Dazu werden nun die Terme im Zähler von Gleichung 2.11 betrachtet. Der Term $4 \cdot \frac{\delta}{c} \cdot \frac{\rho_K}{\rho} \cdot \frac{x_S}{c} (\ddot{x}^* \cdot \sin \alpha + \ddot{y}^* \cdot \cos \alpha)$ enthält den Einfluss der Trägheitskräfte und unterscheidet sich von der dimensionslosen Trägheitskraft in Abbildung 3.9 nur durch den Vorfaktor $\frac{x_S}{c}$, der die Schwerpunktlage charakterisiert. Der gesamte Term ist daher von derselben Größenordnung, wie die dimensionslose Trägheitskraft. Der Term mit der größten Amplitude im Zähler ist das dimensionslose Nickmoment $c_{M,0}$ das in Abbildung 3.11 abgebildet ist.

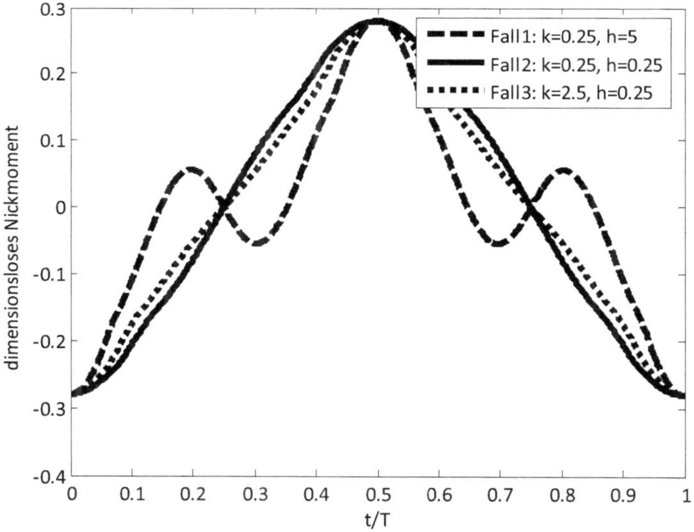

Abbildung 3.11 *Dimensionsloses Nickmoment für Re=7.5*10^5, $\Delta\alpha_{eff}$=10°, ϑ=90°*

Es fällt auf, dass der qualitative Verlauf des Nickmomentes quasi identisch zur dimensionslosen Nennerkraft in Abbildung 3.8 ist. Um dies zu erklären wird wieder die Bestimmungsgleichung des Koeffizienten $c_{M,0}$ betrachtet (Gleichung 2.4). Der Koeffizient wird durch Integration des Momentes um den Flügelnullpunkt durch Druckkräfte gebildet. Dieses Moment wird wesentlich durch die normal am Flügel angreifenden Kräfte beeinflusst, die durch den Koeffizienten c_N erfasst werden. Diese Vereinfachung ist durch die Betrachtung kleiner Winkel gerechtfertigt. In diesem Fall ist der Normalkraft-Koeffizient c_N ungefähr gleich dem Auftriebsbeiwert c_A, da dann die Richtung der Flügelachse ungefähr gleich der Richtung der Strömung ist. Man kann nun durch Vergleich der Abbildungen 3.2 und 3.3 erkennen, dass der Auftriebsbeiwert c_A gegenüber dem Widerstandsbeiwert c_W sehr groß ist. Somit ist, wie gerade gezeigt, auch der Normalkraft Koeffizient c_N gegenüber dem Tangentialkraft Koeffizienten c_T sehr groß. Diese geometrischen Verhältnisse sind noch einmal in Abbildung 3.12 skizziert.

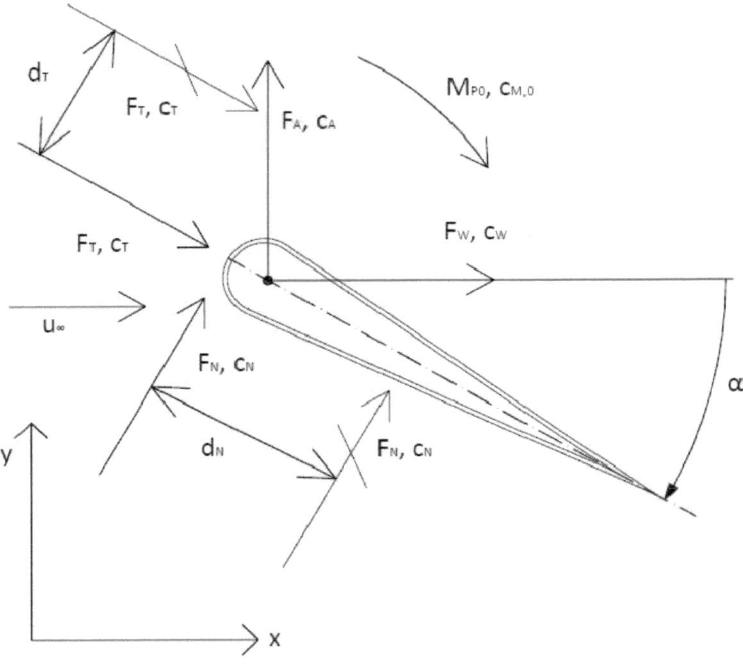

Abbildung 3.12 *Geometrische Verhältnisse bei der Bildung von $c_{M,0}$*

Für die Berechnungen wurden die Normal- und Tangentialkraft am Flügel um den Betrag d_N und d_T in den Flügelnullpunkt verschoben, wodurch das freie Nickmoment $M_{P,0}$ entstand (vergleiche Kapitel 2, Abbildung 2.2). Das Nickmoment ist daher in etwa gleich dem Produkt aus Normalkraft F_N und Hebelarm d_N. Betrachtet man die Orientierung von $M_{P,0}$ in Abbildung 3.12, so ergibt sich zudem ein negatives Vorzeichen, so dass in normierter Form näherungsweise gilt:

$$c_{M,0} \cong -\frac{d_N}{c} \cdot c_N \qquad \textbf{Gl. 3.7}$$

Da der Verlauf der Nennerkraft ja durch den Term $-c_N$ angenähert werden kann, erklärt dies den qualitativ ähnlichen Verlauf von Nennerkraft und Nickmoment in Abbildung 3.8 und 3.11. Da das Nickmoment die größte Amplitude im Zähler aufweist, trägt es wesentlich zum Verlauf der x_P-Kurve in den Bereichen jenseits der Polstellen bei. Es lässt sich außerdem erkennen, dass sich in großer Entfernung zu den Polstellen etwa der Wert $\frac{d_N}{c}$ für die Lage des Pivot-Punktes $\frac{x_P}{c}$ einstellt. Dieser Wert entspricht in Abbildung 3.7 etwa 0.25 und charakterisiert die Lage der Wirkungslinie der Normalkraft am Flügel (vergliche Abbildung 3.12). Dieser Wert ist einzustellen um den Druckkräften das Gleichgewicht zu halten und den Flügel in einer bestimmten Lage zu halten. Auf den Verlauf der Polstellen hat das Druckmoment kaum einen Einfluss, da es an diesen Punkten ebenfalls den Wert Null annimmt.

Das dimensionslose Trägheitsmoment $c_I \cdot \ddot{\alpha}^*$ ist der letzte Term im Zähler von Gleichung 2.11. Dieses ist in Abbildung 3.13 dargestellt:

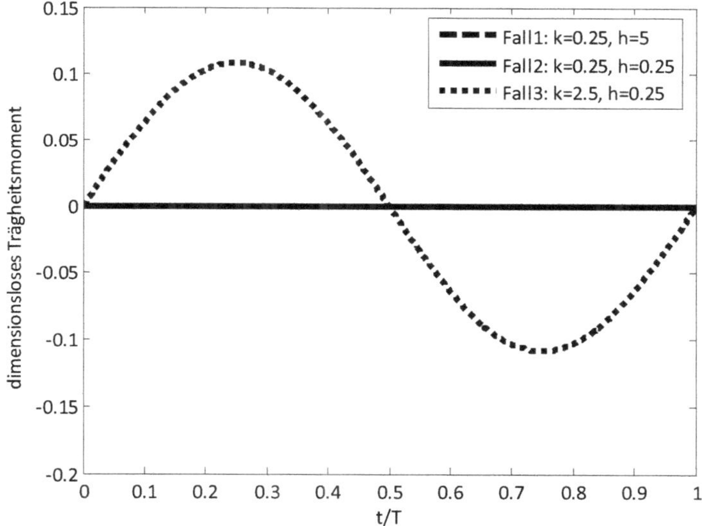

Abbildung 3.13 *Dimensionsloses Trägheitsmoment für Re=7.5*10^5 , $\Delta\alpha_{eff}$=10°, ϑ=90°*

Zusammen mit den Trägheitskräften ist dieser Term zwar von seiner Amplitude wesentlich kleiner als das dimensionslose Nickmoment, allerdings nimmt er im Bereich der Polstellen im Allgemeinen nicht den Wert Null an und ist somit für den Verlauf von Bedeutung. Bei einem Vergleich von Abbildung 3.9 und 3.13 erkennt man, dass die Hubamplitude h keinen Einfluss auf das Trägheitsmoment, wohl aber auf die Trägheitskräfte hat. Dies ist dadurch zu erklären, dass die Winkelbeschleunigung unabhängig von dieser Amplitude ist, während dies für die translatorische Beschleunigung nicht gilt (vgl. Gleichung 3.3 und 3.4). Die Abhängigkeit des Trägheitsmomentes und der Trägheitskräfte vom Parameter k ist groß, da dieser durch zweimalige Differentiation von Gleichung 3.3 und 3.4 quadratisch in die Beschleunigung eingeht.

Die Auswirkungen großer Trägheitskräfte und -momente auf die Pivot-Punkt-Kurve können besonders deutlich am Fall drei mit k=2.5 gesehen werden. Während die Druckverteilung am Flügel in diesem Modell nur eine Funktion der Reynoldszahl und des effektiven Anstellwinkels ist, nehmen die Trägheitskräfte bei steigender Frequenz quadratisch zu. Wie bereits erwähnt wird die Drehung des Flügels dadurch realisiert, dass der Auflagerpunkt verschoben wird und somit die aus der Druckverteilung resultierenden Kräfte dem Flügel die gewünschte Winkelbeschleunigung geben. Es wurde gezeigt, dass die dominierende Kraft aus der Druckverteilung die Normalkraft am Flügel ist. Bei höheren zu realisierenden Beschleunigungen muss demnach der Hebelarm für die Normalkraft größer sein um diese zu realisieren. Somit muss der Pivot-Punkt stark aus seiner Ruhelage bei $\frac{x_p}{c} \cong 0.25$ ausgelenkt werden. Im Bereich der Polstellen geht der Koeffizient c_N und somit die Normalkraft gegen Null. Folglich muss der Hebelarm der Kraft und somit die Lage des Pivot-Punktes bei einer endlichen zu realisierenden Winkelbeschleunigung gegen unendlich gehen. Dies erklärt den ausgeprägten Verlauf der Polstellen für den Fall 3 in Abbildung 3.7.

Abschließend lässt sich daher sagen, dass die Trägheitskräfte und -momente den Verlauf der Pivot-Punkt-Kurve im Bereich der Polstellen maßgeblich beeinflussen. Große Trägheitskräfte ergeben sich aus einer hohen Flügelmasse und aus großen Beschleunigungen. Sie führen dazu, dass der Pivot-Punkt stark aus seiner Ruhelage ausgelenkt werden muss um die gewünschte Bewegung zu realisieren. Besonders kritische Situationen ergeben sich bei einem Rückgang der Normalkraft am Flügel auf den Wert Null.

4. Untersuchung der Lage des Pivot-Punktes für eine Vertikalachswindenergieanlage

4.1. Beschreibung des Modells der Vertikalachswindenergieanlage

Im Folgenden wird statt der Hubflügelbewegung mit y(t) und α(t) nun die Bewegung des Flügels einer Vertikalachswindenergieanlage betrachtet, die in Abbildung 4.1 skizziert ist. Die Position des Flügels im Raum wird durch den Azimut-Winkel Θ(t) und die Verdrehung durch den Winkel zur festen X-Achse α(t) festgelegt. Die Größe der Anlage charakterisiert der Radius r. Alle weiteren geometrischen Größen am Flügel sind identisch zu denen im Hubflügelmodell in Kapitel 3.

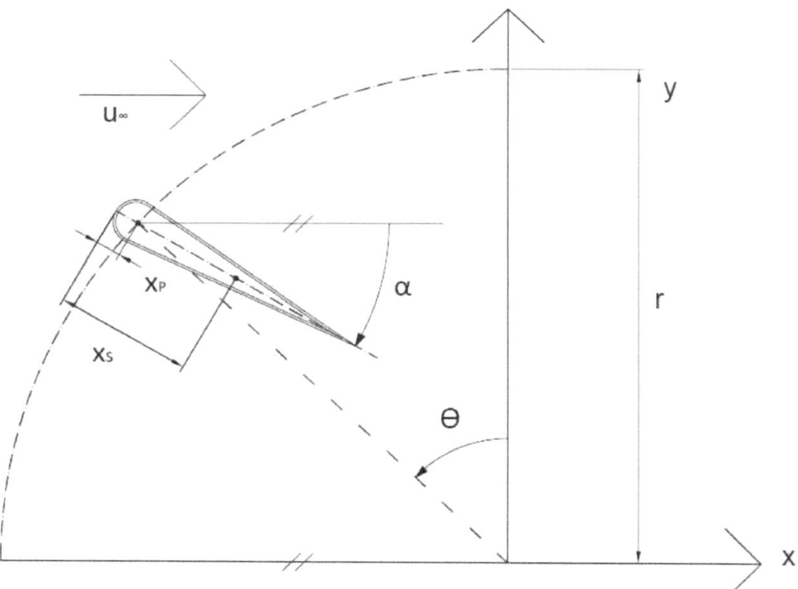

Abbildung 4.1 *Modell der Vertikalachswindenergieanlage*

Die Schnelllaufzahl λ setzt die Geschwindigkeit an der Blattspitze mit der Strömungsgeschwindigkeit ins Verhältnis (vgl. Gleichung 4.1). Bei gegebener Anlagengeometrie und konstanter Strömungsgeschwindigkeit ist sie ein Maß für die Drehzahl der Anlage.

$$\lambda = \frac{\omega * r}{u_\infty}$$

Gl. 4.1

Ein weiterer Parameter ist die Solidität. Diese ist definiert als das Verhältnis der Anzahl der Flügel multipliziert mit der jeweiligen Flügellänge zum Anlagendurchmesser (vergleiche Gleichung 4.2).

$$\sigma = \frac{n * c}{2r}$$

Gl. 4.2

Alle zeitlich veränderlichen Größen der periodischen Bewegung lassen sich in Abhängigkeit des Winkels Θ beschreiben, der daher als Parameter der Bewegung gewählt wird.

Da die Anströmgeschwindigkeit aufgrund der Kreisbewegung des Flügels variiert, wird die mittlere Reynoldszahl (gebildet mit der Rotationsgeschwindigkeit des Flügels) als Parameter angegeben, die für die weitere Ausführung in diesem Kapitel $7.5 * 10^5$ beträgt. Die Solidität bei einer Flügelanzahl von $n=3$ wird zu $\sigma=0.4$, die Schnelllaufzahl zu $\lambda=2.2$ gesetzt. Der optimale Anstellwinkel α hinsichtlich des Wirkungsgrades und der dazugehörige effektive Anstellwinkel α_{eff} liegen für diese Parameter in Form einer Datentabelle vom aerodynamischen Institut vor. Diese Datentabelle ist das Ergebnis einer CFD („Computational Fluid Dynamics") Simulation vom aerodynamischen Institut. Die gewählten Werte für die Parameter n, σ und λ sind im Hinblick auf einen optimalen Wirkungsgrad festgelegt worden.

4.2. Implementierung der Modelle

Die Bewegung des Flügels kann nun mit Hilfe der gegebenen Daten in Matlab implementiert werden. Zur Bestimmung der Kräfte und Momente am Flügel werden zwei Methoden herangezogen. Zum einen wird mit Hilfe der in Kapitel 3 beschriebenen, mit XFoil bestimmten, Polaren eine vereinfachte Betrachtung durchgeführt. Dabei werden Normalkraft-, Tangentialkraft-, und Momenten-Koeffizienten mit Hilfe der gegebenen lokalen Strömungsgeschwindigkeiten und effektiven Anstellwinkel aus der Datentabelle errechnet. Hierbei werden keine dynamischen Effekte berücksichtigt, sondern es werden die mit Xfoil berechneten Polaren benutzt, die sich im stationären Zustand (Anstellwinkel zeitlich unveränderlich) ergeben würden. Zum Vergleich werden für eine dynamische Betrachtung die in der Datentabelle gegebenen Koeffizienten verwendet. Diese stammen, wie erwähnt, aus einer 2D CFD-Simulation und berücksichtigen die dynamische Effekte bei einem veränderlichen Anstellwinkel.

In beiden Modellen ist die Bewegungsgleichung des Flügels in Abhängigkeit von Θ vorgegeben. Für die translatorischen Bewegungsanteile ergibt sich gemäß Abbildung 4.1:

$$x(\Theta) = -r \cdot \sin(\Theta)$$

Gl. 4.3

$$y(\Theta) = r \cdot \cos(\Theta)$$

Gl. 4.4

Die rotatorische Bewegung des Flügels kann nicht durch eine analytische Funktion ausgedrückt werden, da der Winkel α_{eff} vom CFD-Programm im Hinblick auf einen optimalen Wirkungsgrad numerisch berechnet wurde. Abbildung 4.2 zeigt die verschiedenen Winkelbezeichnungen für das Modell des Vertikalachsers.

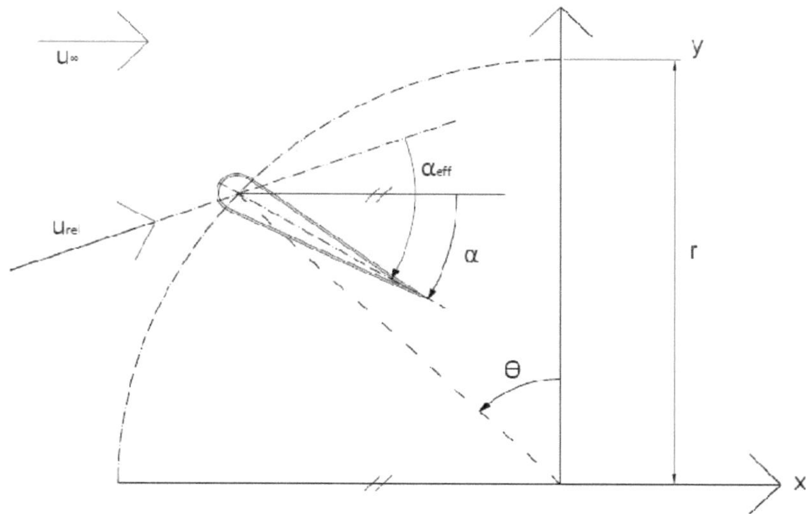

Abbildung 4.2 *Winkelbezeichnungen beim Modell der Vertikalachswindenergieanlage*

Da der Winkel α_{eff} vom CFD-Programm vorgegeben wurde, kann daraus der Winkel α gemäß der Definition in Abbildung 2.2 angegeben werden. Dazu muss zu jedem Winkel Θ die Richtung der lokalen Strömungsgeschwindigkeit u_{rel} bekannt sein. Diese kann ebenfalls aus der Datentabelle des CFD-Programms entnommen werden. Die Bewegung kann nun analog zum Hubflügelmodell in Matlab implementiert werden, wobei die Winkelgeschwindigkeit und -beschleunigung in diesem Fall durch numerische Differentiation erfolgen muss, da kein analytischer Ausdruck für α vorliegt.

Zur Evaluierung der beiden Modelle wurden die für die Pivot-Punkt Kurve berechneten Größen benutzt um den Leistungsbeiwert der Anlage zu berechnen. Dies geschieht analog zu der Definition in Kapitel 3, nur dass hier auch der momentane Leistungsbeiwert betrachtet wird und nicht nur dessen Mittelwert. In Abbildung 4.2 ist der momentane Leistungsbeiwert über dem Azimut-Winkel geplottet.

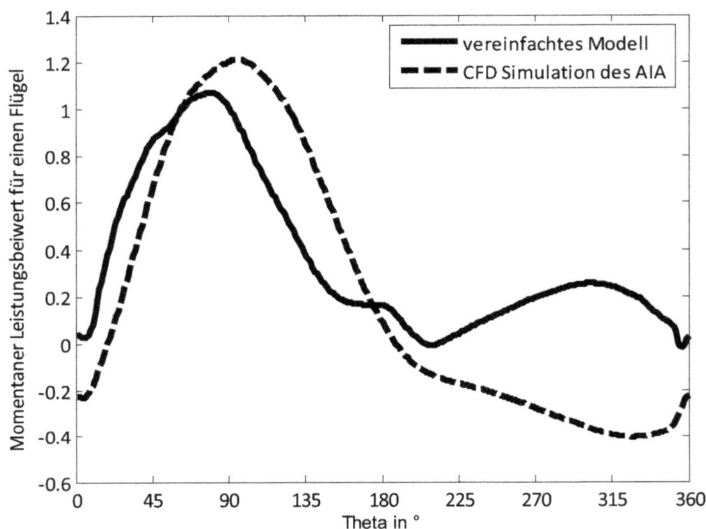

Abbildung 4.3 *Momentaner Leistungsbeiwert für einen Flügel*

Für das vereinfachte Modell ergibt sich zu jeder Zeit ein positiver momentaner Leitungsbeiwert. Dieser Unterschied zum dynamischen Modell wird insbesondere für den Bereich $\Theta > 180°$ deutlich. Der unrealistisch hohe gesamte Leistungsbeiwert, der sich aus der statischen Betrachtung ergibt, lässt sich nachträglich dadurch erklären, dass der effektive Anstellwinkel aus der CFD-Simulation nicht ohne Weiteres in das vereinfachte Modell übernommen werden kann. Das ist deshalb der Fall, weil der Anstellwinkel α_{eff} in der Simulation nur näherungsweise die tatsächliche Richtung der lokalen Strömungsgeschwindigkeit beschreibt. Das wiederum hat seine Ursache darin, dass das CFD-Modell für eine ungestörte Anströmung und kleine Winkel α optimiert ist. Durch die Abweichungen im effektiven Anstellwinkel aus dem CFD-Modell ergibt sich somit auch ein von der Realität abweichender Verlauf der Größen des vereinfachten Modells, wenn man hier den Anstellwinkel aus dem CFD Modell einsetzt. Natürlich folgt aus diesen Betrachtungen auch, dass das CFD-Modell die Realität nur annähernd abbildet. Allerdings kommt diese Simulation dem realen Verlauf der Strömung wesentlich näher, da es z.B. auch die bereits angesprochenen „dynamic stall" Effekte berücksichtigt, die im vereinfachten Modell nicht integriert sind. Um einige Zusammenhänge aufzuzeigen, wird das vereinfachte Modell in dieser Arbeit dennoch weiter aufgeführt.

Um die Kurve aus der CFD-Simulation zu prüfen, wird der zeitlich gemittelte Leistungsbeiwert für alle Flügel gebildet. Es ergibt sich analog zu Gleichung 3.6 ein Wert für den Leistungsbeiwert von 0.633. Unter Berücksichtigung der Tatsache, dass durch die gelenkige Lagerung des Flügels in diesem Gelenk kein Moment übertragen werden kann, stimmt dieser Wert mit den Daten des aerodynamischen Instituts überein. Daraus lässt sich schlussfolgern, dass die Daten aus der CFD-Simulation, wie z.B. Tangentialkraft- und Momentenkoeffizient korrekt im Matlab-Programm implementiert wurden.

4.3.Berechnung der Pivot-Punkt-Kurve

Errechnet man aus Normalkraft-, Tangentialkraft- und Momenten-Koeffizienten, sowie aus den Beschleunigungen die Pivot-Punkt Position für beide Modelle nach Gleichung 2.11, so ergibt sich ein Verlauf gemäß Abbildung 4.4:

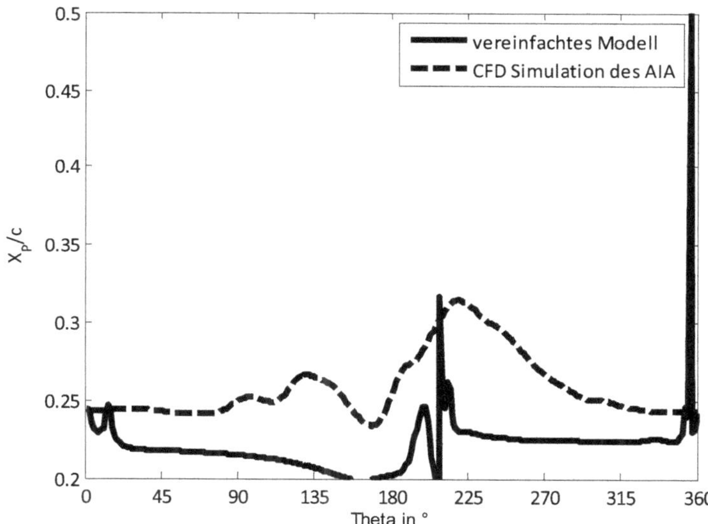

Abbildung 4.4 *Pivot-Punkt Kurve für Re=7.5*10^5, λ=2.2, σ=0.4, n=3*

Während man im vereinfachten Modell Polstellen erkennen kann, treten diese bei der CFD-Simulation nicht auf. Hier ist lediglich ein Peak an der Stelle Theta ≈ 225° zu erkennen. Der Verlauf der Kurve ist für das vereinfachte Modell analog zu Kapitel 3 zu erklären. Demnach müssten die Polstellen durch Nulldurchgänge des effektiven Anstellwinkels verursacht werden. Um das zu prüfen wurden in Abbildung 4.5 die Nennerkraft und der effektive Anstellwinkel über dem Azimutwinkel für beide Modelle aufgetragen.

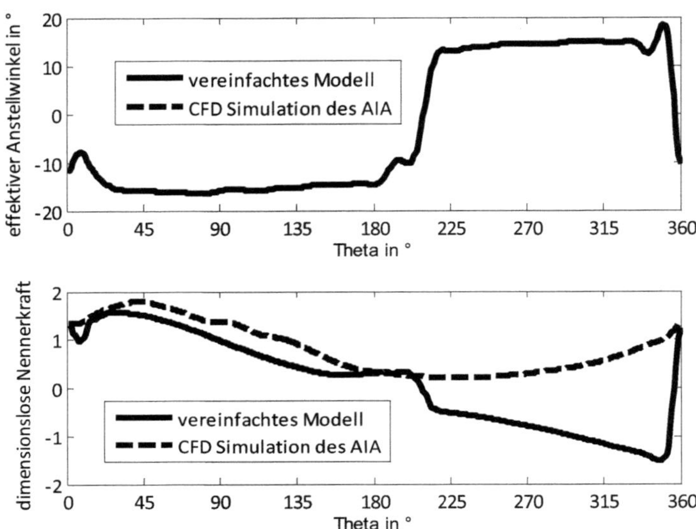

Abbildung 4.5 *Nennerkraft und effektiver Anstellwinkel für Re=7.5*10^5, λ=2.2, σ=0.4, n=3*

Man kann erkennen, dass die Nennerkraft im vereinfachten Modell zwei Nulldurchgänge aufweist, die dieselbe Lage wie die Nulldurchgänge des effektiven Anstellwinkels und die Polstellen der Pivot-Punkt-Kurve haben. Das bestätigt noch einmal die in Kapitel 3 hergeleiteten Zusammenhänge bezogen auf das vereinfachte Modell. Für das CFD-Modell gelten diese Zusammenhänge nicht so ohne Weiteres. Hier treten keine Polstellen in der Pivot-Punkt-Kurve auf, obwohl der effektive Anstellwinkel zwei Nulldurchgänge aufweist. Man erkennt weiter, dass beim CFD-Modell der direkte Zusammenhang zwischen den Nullstellen des effektiven Anstellwinkels und der Nennerkraft nicht gilt. Die Nennerkraft im CFD-Modell weist keine Nullstellen auf.

Unabhängig vom gewählten Modell für die Strömungssimulation gelten jedoch weiterhin die in Kapitel zwei hergeleiteten Zusammenhänge – insbesondere Gleichung 2.11. Nimmt man weiterhin (wie in Kapitel drei) an, dass die Trägheitskräfte klein gegenüber den Kräften aus der Druckverteilung sind, so kann man die in Kapitel drei hergeleitete Vereinfachung benutzen, dass der Term im Nenner von Gleichung 2.11 etwa durch den Wert $-c_N$ angenähert werden kann. Um diesen Zusammenhang nachzuweisen wurde die dimensionslose Nennerkraft mit dem negierten Normalkraftkoeffizienten c_N in einem Plot verglichen. Das Ergebnis ist im Anhang in Abbildung 6.1 dargestellt und zeigt eine gute Übereinstimmung. Die Näherung für die dimensionslose Nennerkraft ist daher, wie in Kapitel drei, sinnvoll. Der Verlauf der Normalkraft am Flügel ist ein Ergebnis der numerischen Strömungssimulation und soll daher an dieser Stelle nicht vertieft behandelt werden.

An der Stelle Θ ≈ 225°, an der die Pivot-Punkt-Kurve ein Maximum aufweist, tritt bei der Nennerkraft ein Minimum auf. Dies könnte darauf hin deuten, dass die Terme im Zähler von Gleichung 3.11 einen konstanteren Verlauf als die im   Nenner aufweisen. Diese Terme sollen daher im Folgenden untersucht werden.

Zunächst wird durch einen Plot der drei Terme im Zähler von Gleichung 2.11 gezeigt, dass die Trägheitskräfte und das Trägheitsmoment, wie in Kapitel drei, vom Betrag her wesentlich geringer sind als das Nickmoment. Diese Ergebnisse werden nicht noch einmal aufgeführt und sind Abbildung 6.2 im Anhang zu entnehmen. Der Verlauf der x_P-Kurve kann für den betrachteten Fall somit durch den folgenden Ausdruck angenähert werden:

$$x_P \cong -\frac{c_{M,0}}{c_N}$$

Gl. 4.5

Im vereinfachten Modell wurde der rechte Term in Gleichung 4.5 durch eine Konstante angenähert (vergliche Gleichung 3.7). Dieser Zusammenhang besteht für ein realistischeres Strömungsmodell grundsätzlich nicht mehr.

Für eine Vertikalachswindenergieanlage mit den betrachteten Parametern für Geometrie und Strömung spielen also die Trägheitskräfte kaum eine Rolle bei der Bestimmung der Lage des Pivot-Punktes. Da die Parameter n, σ und λ schon in Hinblick auf einen optimalen Wirkungsgrad gewählt wurden, soll ihr Einfluss hier nicht weiter untersucht werden. Für die gewählten Parameter lässt sich festhalten, dass die zu realisierende Bewegung und die damit verbundenen Trägheitskräfte keine großen Auslenkungen des Pivot-Punktes erfordern. Trotz eines nicht linearen Zusammenhangs zwischen dem Nickmoment und dem Normalkraftkoeffizienten, lässt sich analog zum Hubflügelmodell eine Ruhelage des Pivot-Punktes bei etwa 25% der Flügellänge feststellen.

5. Zusammenfassung und Ausblick

In dieser Arbeit wurde die Bewegung eines im Pivot-Punkt gelenkig gelagerten Tragflügels in einem Strömungsfeld untersucht. Die Strömungskräfte wurden dabei mit Hilfe einer vereinfachten 2D-Simulation mit dem Programm XFoil und später mit Hilfe einer CFD-Simulation bestimmt. Im Anschluss wurden die Ergebnisse mit Messwerten bzw. anderen Simulationsergebnissen verglichen. Die Bewegung des Tragflügels war vorgegeben.

Ziel der Untersuchung war es, bei einer vorgegebenen Flügelbewegung und Verdrehung in Abhängigkeit von der Zeit die für diese Bewegung notwendige Position des Pivot-Punktes ebenfalls als Funktion der Zeit zu bestimmen. Dies konnte mit Hilfe eines dynamischen Kräftegleichgewichtes am Tragflügel realisiert werden.

Die Simulation wurde zunächst für einen Hubflügel, dann für den Tragflügel einer Vertikalachswindenergieanlage durchgeführt. Die resultierende Pivot-Punkt-Kurve wies Polstellen auf, wenn die Normalkraft am Flügel gegen Null ging. Für die Vertikalachswindenergieanlage wurde ein technisch relevanter Fall untersucht, bei dem keine Polstellen auftraten. Es konnte gezeigt werden, dass hier die Trägheitskräfte im Vergleich zu den Kräften aus der Druckverteilung am Flügel einen geringen Einfluss hatten. Für diesen Fall konnte die Bewegung des Flügels durch kleine Auslenkungen mit einer Amplitude von etwa +/- 7 % der Flügeltiefe aus einer Ruhelage von etwa 25 % der Flügeltiefe realisiert werden.

Obwohl das vereinfachte Modell für die Beschreibung der Vertikalachswindenergieanlage nur eingeschränkt anwendbar ist, konnte durch die Simulationen am Hubflügel gezeigt werden, dass große Trägheitskräfte am Flügel zu erheblich größeren Auslenkungen des Pivot-Punktes führen.

Die gewonnenen Erkenntnisse könnten insbesondere für den Entwurf einer Anstellwinkelregelung genutzt werden. Der Vorteil einer Regelung mit Verschiebung des Auflagerpunktes wäre, dass keine Hilfsenergie zur Verdrehung des Flügels gegen den Strömungswiderstand notwendig wäre. Der kleine Bereich, in dem der Pivot-Punkt sich bewegen müsste, käme der technischen Realisierung sehr entgegen. Mögliche Polstellen könnten durch eine Regelung ausgeglichen werden, die den Pivot-Punkt kurz vor den Polstellen auf einen etwas höheren Wert setzt, als durch die Kurve vorgegeben wäre. Höhere Drehzahlen würden zu größeren Trägheitskräften führen und somit eine verstärkte Auslenkung des Pivot-Punktes erfordern. Kritischer Punkt einer solchen Regelung wäre allerdings die technische Realisierung der Verschiebung des Gelenkpunktes.

Neben der technischen Realisierung der angesprochenen Anstellwinkelregelung wäre auch die intensivere Analyse der einzelnen Einflussfaktoren auf den Verlauf der Pivot-Punkt-Kurve in realen Strömungen ein Thema für weitere Untersuchungen zu diesem Themenbereich. Neben Simulationen würden Messungen an einem gelenkig gelagerten Flügel mit verschiebbarem Gelenkpunkt wichtige Hinweise für die Auslegung einer derartigen Anstellwinkelregelung geben.

6. Anhang

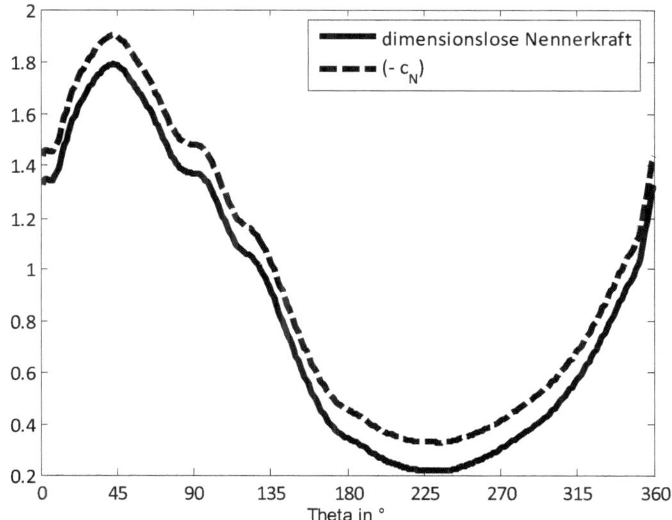

Abbildung 6.1 *Plot von dimensionsloser Nennerkraft und Näherung für das CFD-Modell des AIA*

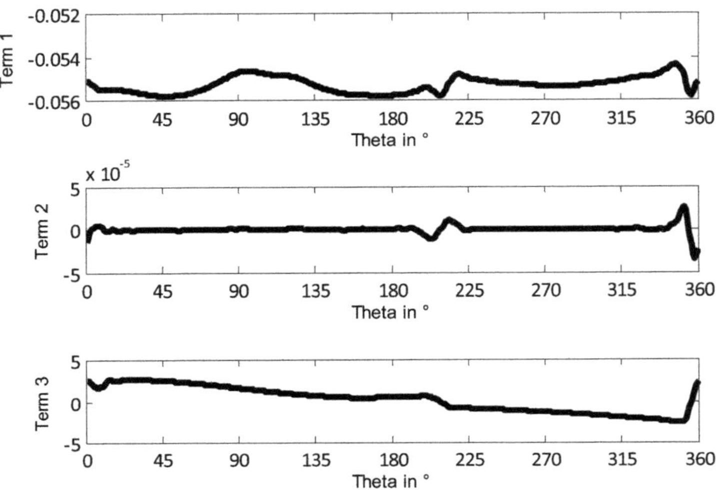

Abbildung 6.2 *Plot der 3 Terme im Zähler von Gleichung 2.11 für das Vertikalachser-Modell*

Term 1 = $4 \cdot \frac{\delta}{c} \cdot \frac{\rho_K}{\rho} \cdot \frac{x_S}{c} \cdot (\ddot{x}^* \cdot \sin\alpha + \ddot{y}^* \cdot \cos\alpha)$ (Einfluss der Trägheitskräfte)

Term 2 = $-c_I \cdot \ddot{\alpha}^*$ (Einfluss des Trägheitsmomentes)

Term 3 = $c_{M,0}$ (Einfluss des Nickmomentes)

7. Literaturverzeichnis

Hau, E. (2008). *Windkraftanlagen, Grundlagen, Technik, Einsatz, Wirtschaftlichkeit.* Springer Verlag Berlin Heidelberg.

Hwang, I. S., Min, S. Y., Jeong, I. O., Lee, Y. H., & Kim, S. J. (2005). *Efficiency Improvement of a New Vertical Axis Wind Turbine by Individual Active Control of Blade Motion.* Seoul.

Jones, K. D., Lindsey, K., & Platzer, M. F. (2003). An investigation of the fluid-structure interaction in an oscillating-wing micro-hydropower generator. Montery, California: Department of Aeronautics & Astronautics, Naval Postgraduate School.

Lindsey, K. (2002). A feasibility study of oscillating-wing power generators. *Master's Thesis* . Montery, California: Naval postgraduate school.

Mc Kinney, W., & De Laurier, J. (1981). Wingmill - An oscillating-wing windmill. *Journal of Energy Vol. 5* , S. 109-115.

Sheldahl, R. E., & Klimas, P. C. (1981). Aerodynamic Characteristics of Seven Symmetrical Airfoil Sections Trough 180-Degree Angle of Attack for Use in Aerodynamic Analysis of Vertical Axis Wind turbines. *Sandia National Laboratories energy report* . Springfield.

von der Lieth, D. (2007). Entwicklung eines analytischen Ansatzes zur Auslegung einer dynamischen Anstellwinkelregelung für einen Darrieus Rotor in H-Konfiguration. *Diplomarbeit am Aerodynamischen Institut der RWTH Aachen* . Aachen.